DEUTSCHE
DEMOKRATISCHE
REPUBLIK
DEUTSCHE AKADEMIE
DER LANDWIRT-
SCHAFTSWISSEN-
SCHAFTEN
ZU BERLIN

SITZUNGSBERICHTE

1968 · Band XVII · Heft 2

IMMO LIEBEROTH

Wichtige Bodenformen in den Mittel- und Nordbezirken der Deutschen Demokratischen Republik und das Problem ihrer landwirtschaftlichen Kennzeichnung

Mit 4 Abbildungen und 3 Tabellen

AKADEMIE-VERLAG · BERLIN · 1969

Gehalten vor dem Plenum
der Deutschen Akademie der Landwirtschaftswissenschaften zu Berlin
am 19. Januar 1968

Herausgeber: Deutsche Demokratische Republik
Deutsche Akademie der Landwirtschaftswissenschaften zu Berlin
Erschienen im Akademie-Verlag GmbH, 108 Berlin, Leipziger Straße 3–4

Lizenznummer: 202 · 100/574/69
Kartengenehmigung: Nr. 492/69
Herstellung: IV/2/14 VEB Werkdruck, 445 Gräfenhainichen · 3207
Bestellnummer: 2141/17/2 · ES 22 D
3,–

I.

Wir alle wissen, daß das Interesse an dem wichtigsten Produktionsmittel der Landwirtschaft, dem Boden, in den letzten Jahren außerordentlich gestiegen ist. Um so mehr setzt es uns Bodenkundler immer wieder in Erstaunen, wie gering z. T. auch heute noch die Kenntnis über den Boden in der Praxis ist. Selbst der Gebrauch des so bekannten und viel diskutierten Begriffs Bodenfruchtbarkeit hat nicht dazu geführt, den Boden allgemein bekannter werden zu lassen. Es gibt viele Gründe dafür, ich möchte hier nur einen anführen. Nicht zuletzt lag es mit an der für die Praxis bisher ungenügenden Kennzeichnung der Böden. Bei der Reichsbodenschätzung z. B. wurden zu wenige Bodenmerkmale erfaßt und der Schicht- und Horizontabfolge nicht die genügende Bedeutung beigemessen. Gleiche Klassenzeichen spiegeln daher nicht immer gleiche Böden wider, oftmals werden sie für verschiedene Böden angewendet, die nur in einigen Merkmalen übereinstimmen, in anderen für die Beurteilung der Böden ebenso wichtigen hingegen nicht (EHWALD 1966). Bei den bisher formulierten Einheiten der allgemeinen Bodensystematik wurde ebenfalls zu wenig auf die Erfordernisse der Praxis Rücksicht genommen. Insbesondere sind die substratbedingten Verschiedenheiten der Böden, also die Bodeneigenschaften, die vom Ausgangsmaterial herstammen, in vielen Fällen ungenügend, in anderen zu allgemein berücksichtigt worden. Was wir benötigen, sind Bodeneinheiten, die einerseits alle wesentlichen Bodeneigenschaften widerspiegeln und damit den Boden umfassend kennzeichnen und andererseits noch so einheitlich in sich sind, daß Erfahrungen und Versuchsergebnisse verallgemeinert werden können. Den geforderten Ansprüchen genügen nach unserer Überzeugung die in den letzten Jahren erarbeiteten Bodenformen. Da Begriff und Inhalt der Bodenform vor diesem Gremium schon behandelt worden sind (EHWALD 1966), soll hier nur eine zusammenfassende Darstellung gegeben werden.

Bodenformen sind auf eine umfassende Kennzeichnung der Böden ausgerichtete spezielle bodensystematische Einheiten. Zu einer Bodenform werden alle diejenigen Böden zusammengefaßt, die im Schicht- und Horizontaufbau sowie in den wichtigsten Eigenschaften der Schichten und Horizonte so weit übereinstimmen, daß sie sowohl für die Nutzung und Behandlung als auch für die wissenschaftliche Bodenbeurteilung im wesentlichen als gleichartig angesehen werden können. Aus der ermittelten Substratschichtung wird der Substrattyp, aus der Horizontabfolge der Bodentyp bzw. -subtyp abgeleitet. Aus den verschiedenen Kombinationen beider ergeben sich die Bodenformen. Ihre Namen setzen sich auch aus diesen beiden Teilen zusammen (z. B. Sand-Rosterde, Lehm-Rendzina, Ton-Gley usw.). Die Anzahl der Kombinationsmöglichkeiten ist beschränkt, da nur ganz bestimmte Substrat- und Horizontabfolgen miteinander gekoppelt sind. Zur besseren Übersicht und als Grundlage für eine weitere Zusammenfassung zu landwirtschaftlichen Auswertungsgruppen werden zwei Niveaus von Bodenformen unterschieden: die Haupt- und die Lokalbodenform. In den Hauptbodenformen werden in erster Linie diejenigen Bodenunterschiede berücksichtigt, die für die Verallgemeinerung von Versuchsergebnissen und feldwirtschaftlichen Erfahrungen von Bedeutung sind. In den Lokalbodenformen werden überwiegend feinere Bodenunterschiede zum Ausdruck gebracht, die für die örtliche Landwirtschaft und die Melioration noch von Bedeutung sind oder sein können. Bei den folgenden Ausführungen geht es in erster Linie um die Hauptbodenformen.

Ein wesentlicher Teil der Arbeit unseres Instituts bestand in den letzten Jahren in der Ermittlung und bodenkundlichen Charakterisierung der in der DDR verbreiteten Bodenformen. Alle Hauptbodenformen wurden in der sogenannten Hauptbodenformenliste (LIEBEROTH u. a. 1967) zusammengefaßt und beschrieben. Kriterien für die weitere Untergliederung in Lokalbodenformen konnten ebenfalls erarbeitet werden (LIEBEROTH 1967, THIERE 1968) [1]). Wenn auch die von uns durchgeführten Probekartierungen nur einen sehr kleinen Teil der landwirtschaftlich genutzten Gesamtfläche betreffen, so sind wir auf Grund der Kenntnis der allgemeinen Gesetzmäßigkeiten und des Vorliegens der Ergebnisse der forstlichen Standorterkundung heute in der Lage, praktisch jeden vorkommenden Boden anzusprechen und ihm seinen festen Platz in der Bodenformenliste zu geben.

II.

Damit haben wir aber erst den ersten, wenn auch zunächst sehr wichtigen Schritt in Richtung einer landwirtschaftlichen Kennzeichnung der Böden getan, denn die Bodenformen können z. Z. als die beste Grundlage für die agronomische Beurteilung der Böden angesehen werden. Es kommt nun darauf an, die fruchtbarkeitsbestimmenden Merkmale und Eigenschaften der Bodenformen unter Berücksichtigung des Schichten- und Horizontaufbaues in eine für den Praktiker verständliche Sprache zu übersetzen, d. h., die für den jeweiligen Boden in ihrer Gesamtheit und in ihrer Wechselwirkung charakteristischen Schichten und Horizonte in die fruchtbarkeitsbestimmenden Einzelmerkmale bzw. -eigenschaften aufzulösen. Schichten und Horizonte sind auch für uns Bodenkundler nur häufig in der Natur wiederkehrende, leicht abgrenzbare korrelative Merkmalskomplexe. Aus ihnen leiten wir entweder bereits am Profil oder durch zusätzliche Laboruntersuchungen die zur Ermittlung des Bodenfruchtbarkeitsgrades notwendigen

[1]) Während des Druckes vorliegenden Vortrages wurde in Fortsetzung dieser Arbeit ein Schlüssel erarbeitet, nach dem alle Böden künftig in Lokalbodenformen eingeordnet werden können.

einzelnen Kennwerte ab. Die Kenntnis der fruchtbarkeitsbestimmenden Bodeneigenschaften ist Voraussetzung für die Beurteilung des Bodenfruchtbarkeitsgrades. Es sei in diesem Zusammenhang auf einige Veröffentlichungen hingewiesen (EHWALD 1960, 1963; LIEBEROTH 1958, 1964, 1968; SCHEFFER u. LIEBEROTH 1957), in denen dieses Problem schon eingehend diskutiert worden ist. Danach bedingen diese Bodeneigenschaften eine Reihe von fruchtbarkeitsbestimmenden Bodenvorgängen, die ihrerseits erst das Wesen der Fruchtbarkeit ausmachen. Es handelt sich vor allem um solche Vorgänge, wie Nährstoffumwandlung, Nährstoffspeicherung und -vermittlung – zusammengefaßt unter dem Begriff Nährstofftransformation (SCHEFFER 1963) –, Wasserspeicherung und -bewegung, Gasaustausch, Wärmespeicherung und -leitung und schließlich um diejenigen, die die Entwicklung pflanzenschädigender Bedingungen verhindern. Alle diese komplexen Vorgänge können wir auch heute noch nur mehr oder weniger umständlich messen. Einfacher ist es zur Zeit immer noch, sie über die qualitativen und quantitativen Abstufungen der einzelnen Eigenschaften der Bodenformen zu erschließen.

Bei der Analyse der fruchtbarkeitsbestimmenden Bodenvorgänge und -eigenschaften stößt man auf eine besondere Gruppe, nämlich auf diejenigen, die die Fruchtbarkeit des Bodens begrenzen. Zu den fruchtbarkeitsbegrenzenden Vorgängen gehören u. a. zu geringe Nährstoffspeicherung, zu starke Nährstoffestlegung, zu schwache und zu starke Wasserbindung, zu langsame und zu rasche Wasserbewegung, zu geringe Wurzelzugänglichkeit u. a. Auch auf diese kann von bestimmten Bodeneigenschaften aus geschlossen werden, wie z. B. geringer Ton- und Schluffgehalt, hoher Tongehalt, niedriger pH-Wert, geringer Humusgehalt, ungünstige Humusqualität, geringe Austauschkapazität, Hohlraumvolumen vorwiegend aus sehr kleinen oder vorwiegend aus sehr groben Poren bestehend usw.

Für den Landwirt sind diese fruchtbarkeitsbegrenzenden Bodeneigenschaften von ausschlaggebender Bedeutung, da sich daraus die Nutzungs- und Anbaubeschränkung sowie die Maßnahmen zur Behandlung, insbesondere aber zur Hebung der Bodenfruchtbarkeit ergeben. Auf Grund des vorhandenen Materials ist es nunmehr möglich, die wichtigsten fruchtbarkeitsbegrenzenden und behandlungsbestimmenden Eigenschaften verbreiteter Bodenformen in einem Katalog zusammenzustellen. Selbstverständlich sind dabei eingehende Abstimmungen insbesondere mit den Vertretern der Fachrichtungen Acker- und Pflanzenbau, Düngung und Meliorationswesen erforderlich. Schwierigkeiten wird bei der Erarbeitung dieses Katalogs die Festlegung der Grenzwerte bereiten, wozu es noch bestimmter Ermittlungen bedarf. Nährstoffmengen z. B. sollten nicht nur als Prozentzahlen für die einzelnen Schichten bzw. Horizonte, sondern auch für bestimmte Mächtigkeitsstufen in Gewichtseinheiten pro Hektar angegeben werden. Auch sollte man an eine solche Zusammenstellung sinnvoll herangehen und nicht von jeder Schicht bzw. jedem Horizont die begrenzenden Eigenschaften bestimmen wollen. Es genügt, diese Eigenschaften je nach dem verfolgten Zweck nur bis zu einer bestimmten Tiefe zu ermitteln. So wird man für die Beurteilung der Entwässerungsbedürftigkeit die Schichten und Horizonte bis etwa 15 dm Tiefe, für die Beurteilung der Anbaueignung und der Notwendigkeit einer Unterbodenverbesserung die Schichten und Horizonte bis etwa 8 dm Tiefe, für die Beurteilung der Düngungseignung, der Bearbeitbarkeit und der Möglichkeit der Krumenvertiefung die Schichten und Horizonte bis etwa 4 dm Tiefe vorwiegend beachten. Überhaupt wird es zweckmäßig sein, alle Werte von den unterschiedlichen Schicht- und Horizontmächtigkeiten auf bestimmte Tiefenstufen umzurechnen (z. B.: Krume, Krumenuntergrenze bis 4 dm, 4–8 dm, 8–12/15 dm u. Fl.), so daß dann für alle Böden vergleichbares Material vorliegt. In der Regel wird es so sein, daß von den oberen Tiefenstufen eine größere Anzahl von Eigenschaften interessieren werden als von den tiefer gelegenen. Aus den für die einzelnen Tiefenstufen angegebenen fruchtbarkeitsbegrenzenden Bodeneigenschaften können dann sinnvoll die notwendigen Maßnahmen abgeleitet werden. So läßt sich beispielsweise für die Notwendigkeit der Unterbodenverbesserung folgende Regel aufstellen: Je größer bei gleichem Substrat die Unterschiede in der Nährstoff- und Humuskonzentration sowie in anderen fruchtbarkeitsbestimmenden Eigenschaften zwischen der Krume und dem sich unmittelbar anschließenden Teil des Unterbodens sind, d. h., je stärker der Abfall im Gehalt an Humus und Nährstoffen, im pH-Wert, im Porenvolumen usw. ist, um so vorsichtiger muß die Krumenvertiefung vorgenommen werden und um so notwendiger ist eine Unterbodenverbesserung. Sind die Unterschiede zwischen Krume und folgendem Horizont nur gering, so bewirkt eine rasche Krumenvertiefung in der Regel keine Ertragsminderung, und eine Unterbodenverbesserung ist nicht vordringlich. Bei ungleichem Substrat sehen die Verhältnisse etwas anders aus. Hier spielt die Art des Substrates die entscheidende Rolle. Wird beispielsweise das Material unterhalb der Krume leichter und damit ungünstiger (z. B. bei Sandlöß über Sand), so darf trotz des Abfalles im Gehalt an Humus, Nährstoffen u. a. die Krume nicht vertieft werden, weil damit nur eine Verschlechterung, nicht aber eine Verbesserung derselben erreicht würde.

An dieser Stelle ist zu erwähnen, daß für die Kennzeichnung und Beurteilung der Böden noch ein besonderes Problem eine Rolle spielt, nämlich die Erfassung des Krumenzustands. Leider schlugen bisher alle Versuche fehl, allein durch eine morphologische Einschätzung am Profil dieses Problem zu klären. Wir kommen nicht umhin, für die Beurteilung des Krumenzustandes analytische Kennwerte, wie den Gehalt an verfügbaren Nährstoffen und an Humus, die pH-Zahl, die Humusqualität, die Gefügestabilität bzw. Strukturempfindlichkeit u. a. hinzuzuziehen. Wie wichtig die Bearbeitung dieser Frage ist, zeigt die Tatsache, daß es Böden der gleichen Lokalbodenform gibt, die allein auf Grund eines unterschiedlichen Krumenzustandes unterschiedliche Erträge bringen.

Nicht nur im Hinblick auf die Krumenvertiefung, sondern auch auf viele andere Bodenverbesserungsmaßnahmen lassen sich aus dem Katalog der leistungsbegrenzenden Faktoren wichtige Schlüsse für die einzelnen Bodenformen ableiten. Im Vordergrund werden die Maßnahmen der Bodenmelioration, insbesondere die Entscheidung über Art und Weise der vertikalen Bodenumgestaltung zur weiteren Optimierung der ertragbeeinflussenden Bodenfaktoren, stehen.

Tabelle 1

Wichtige Hauptbodenformen in den Mittel- und Nordbezirken der DDR

Substrate	Böden ohne hervortretende Grundwasser- und Staunässemerkmale	Böden mit hervortretenden Grundwasser- und Staunässemerkmalen	Anzahl
Sande	sA Sand-Ranker sR *Sand-Rosterde* aB Staubsand-Braunerde bsR *Bändersand-Rosterde* bsB Bändersand-Braunerde s//lR Lehmunterlagerte Sand-Rosterde ks Kolluvialsand	sL Sand-Rostgley sG *Sand-Gley* sOG Sand-Anmoorgley	10
Tieflehme	s/mF Tiefsalm-Fahlerde s/lF *Tieflehm-Fahlerde*	s/lU *Tieflehm-Braunstaugley* s/lS Tieflehm-Staugley	4
Lehme	lP *Lehm-Parabraunerde* lT Lehm-Schwarzerde	lS *Lehm-Staugley* olG Auenlehm-Gley[1]) olX Auenlehm-Amphigley[1])	5
Tone		otG Auenton-Gley[1])	1
Decklehme und -tone		ol/dG Decklehm-Gley ot/dG Deckton-Gley	2
mit Kalk bis an die Oberfläche	lC Lehm-Rendzina	cl/dG Deckkalklehm-Gley[1]) c/dOG Deckkalk-Anmoorgley[1])	3
Anzahl	12	13	25

[1]) nur in Tälern verbreitet

Wie lassen sich nun die angeführten Probleme auf die Böden in den Mittel- und Nordbezirken unserer Republik übertragen? Zunächst muß gesagt werden, daß in diesen Bezirken etwa 90 Hauptbodenformen vorkommen, d. i. etwa die Hälfte der Hauptbodenformen auf rund $^2/_3$ der Fläche der DDR. Von diesen weisen etwa ein Drittel Merkmale von Grundwasser- oder Staunässevergleyung auf. Größere Bedeutung haben aber nur etwa 25 Hauptbodenformen. Dabei handelt es sich einerseits um solche, die stärker verbreitet auftreten, und andererseits um solche, die zwar keine sehr großen Flächen einnehmen, auf Grund ihrer immerhin nicht unbedeutenden Verbreitung und ihrer Meliorationsbedürftigkeit aber doch von Wichtigkeit sind. In der Tabelle 1 sind diese Bodenformen, geordnet nach Substraten, zusammengestellt. Ihre bodenkundliche Beschreibung ist, wie bereits erwähnt, der Hauptbodenformenliste zu entnehmen.

Wenn man allein von der Verbreitung ausgeht, so sind es schließlich nur noch 7 Hauptbodenformen, die über 80% der Fläche in den Mittel- und Nordbezirken einnehmen. Es handelt sich um die Sand-Rosterde, die Bändersand-Rosterde, die Tieflehm-Fahlerde und die Lehm-Parabraunerde als Böden ohne Grundwasser- und Staunässemerkmale sowie um den Sand-Gley, den Tieflehm-Braunstaugley und den Lehm-Staugley als Böden mit Grundwasser- bzw. Staunässemerkmalen. Die Hauptbodenform mit der stärksten Verbreitung von diesen ist die Tieflehm-Fahlerde. Sie allein bedeckt etwa ein Drittel der Gesamtfläche der Mittel- und Nordbezirke.

Außer den über die Bodenform erfaßten Merkmalen müssen auch bei diesen 7 Hauptbodenformen zur Kennzeichnung der Bodenverhältnisse zusätzlich Steingehalt und Wasserstufe herangezogen werden. Beide gehen zwar schon in groben Stufen in die Bodenform ein, die Feinabstufung kann dabei aber nicht berücksichtigt werden, da sie häufig nicht mit den Bodenformen korreliert. So hängt der Steingehalt von bestimmten geologischen Verhältnissen ab oder wurde durch Absammeln verändert. Die Wasserstufen stimmen ebenfalls oft nicht mehr mit dem heutigen Profilbild überein, da sie bei vielen Böden nicht zuletzt durch Meliorationsmaßnahmen bereits verändert wurden.

Wir alle wissen, daß gerade in den mittleren und nördlichen Bezirken unserer Republik viele steinige Flächen vorkommen. Der Steingehalt ist am höchsten in der Umgebung von End- und Stauchmoränen, doch können auch Grundmoränen steinreich sein. Die Gebiete ehemaliger Eisstauseen sowie die Urstromtäler sind meist steinarm bis steinfrei. Auf der Grundlage der Kenntnis dieser und weiterer Gesetzmäßigkeiten kann man bereits zu groben Überblicken über die Steinverhältnisse kommen. Im Bezirk Neubrandenburg wurde von den Bezirksbodenschätzern im vergangenen Jahr eine großmaßstäbliche Steinkartierung durchgeführt, wodurch in Kürze eine detailliertere Übersicht wenigstens über dieses Gebiet vorliegen wird.

Die Wasserstufen werden nur bei den hydromorphen Böden kartiert. Ihre Erfassung im Gelände ist ein besonders schwieriges Problem, worauf an anderen Stellen bereits hingewiesen wurde (LIEBEROTH 1966, 1967 a, 1967 b). Zu den hydromorphen Böden gehören die Böden mit Grundwasser (Grundgleye), mit Staunässe (Staugleye) und mit beiden (Amphigleye). Die Verbreitung dieser Böden kann innerhalb der Mittel- und Nordbezirke in vielen Fällen aus den geologischen, geomorphologischen und klimatischen Verhältnissen abgeleitet werden. So wissen wir, daß Grundgleye vor allem auf sandigem Material in Tälern und Niederungen vorkommen. Staugleye sind im südwestlichen, mittleren und nordöstlichen Teil der Mittel- und Nordbezirke meist nur in Vertiefungen der Grundmoränenplatten, im nördlichen, nordwestlichen und südöstlichen Teil hingegen großflächig zu finden. Amphigleye sind auf schwerem Material besonders in den Flußgebieten von Oder und Elbe vertreten.

Von den oben genannten 7 verbreitetsten Hauptbodenformen der Mittel- und Nordbezirke sind in der Tabelle 2 die wesentlichsten Angaben für ihre landwirtschaftliche Kennzeichnung und Beurteilung zusammengestellt. Sie enthält die agronomisch-bodenkundliche Kennzeichnung, die fruchtbarkeitsbegrenzenden Vorgänge, die fruchtbarkeitsbegrenzenden und behandlungsbestimmenden Eigenschaften, die Nutzungs- und Anbaubeschränkung, die Behandlungserschwerung und die Meliorationsbedürftigkeit.

An dieser Stelle sei darauf hingewiesen, daß sich die Bodenformen auf der Grundlage ihrer fruchtbarkeitsbegrenzenden Eigenschaften je nach Auswertungsziel in der verschiedensten Weise gruppieren lassen. Die Zusammenfassung verschiedener Bodenformen zu Gruppen, die eine gleiche Nutzung oder eine gleiche Behandlung erfordern, also gleiche Eignung oder gleiche Reaktion zeigen, wurde von EHWALD (1966) ausführlich behandelt. Es sei daher auf diese Ausführungen verwiesen.

In den vergangenen beiden Jahren sind wir mehrfach gebeten worden, wichtige Versuchsstandorte zu kartieren. Das kann auf die sich allmählich durchsetzende Einsicht zurückgeführt werden, daß Versuchsergebnisse, Düngungsempfehlungen usw. nur über die Bodenformen, nicht oder nur selten aber über die Klassenflächen der Bodenschätzung verallgemeinert werden können. Deshalb sollte heute auch kein mehrjähriger Feldversuch mehr angelegt werden, bei dem nicht die Bodenform bekannt ist. Um allmählich einen Überblick auch über die Ertragsverhältnisse der einzelnen Bodenformen zu gewinnen, haben wir jetzt damit begonnen, die vorhandenen Ertragszahlen einiger Versuchsstandorte zu analysieren. Ich möchte hier einige Ertragswerte von den oben erläuterten 7 Hauptbodenformen mitteilen, die in der Tabelle 3 zusammengestellt sind[2]). Diese Zahlen stellen zunächst nur Anhaltspunkte dar und sind das Ergebnis einer ersten vorläufigen Auswertung. Wir haben zwar nur Mittelwerte ausgewählt, die wenigstens einen 3jährigen Durchschnitt wiedergeben, doch mußten dabei jeweils verschiedene Jahre aus dem Zeitraum 1954–1964 zusammengefaßt werden. Weiterhin mußten vorerst verschiedene Versuchsfragestellungen einbezogen werden, um überhaupt zu Werten zu kommen. Im einzelnen handelt es sich um Sorten-, Bearbeitungs-, Aussaat-, Erntezeiten- und andere Versuche bei annähernd ortsüblicher Düngung, von denen jeweils das Mittel des gesamten Versuches zugrunde gelegt wurde. Auch Klimaunterschiede, die in diesem Gebiet vorhanden sind, konnten zunächst nicht berücksichtigt werden.

[2]) Die Ertragswerte wurden dem Archiv für Feldversuchswesen im Institut für Saatgut und Ackerbau in Halle-Lauchstädt entnommen. Für die Gewährung der Einsichtnahme sei an dieser Stelle herzlichst gedankt.

Tabelle 2

Landwirtschaftliche Kennzeichnung und Beurteilung verbreiteter Hauptbodenformen in den Mittel- und Nordbezirken der DDR

Agronomisch-bodenkundliche Kennzeichnung	Fruchtbarkeitsbegrenzende Vorgänge im Boden	Fruchtbarkeitsbegrenzende und behandlungsbestimmende Bodeneigenschaften
sR: Sand-Rosterden (S4–6D)		
Grundwasserferne, geringmächtige, meist steinige Böden in mehr als 12 dm mächtigem kalkfreiem Sand. Unter der humusarmen Krume folgt ein 1–2 dm mächtiger, nicht selten durch eine lose Steinanreicherung nach unten begrenzter brauner Zwischenhorizont (zuweilen fehlend), der meist klar in den unveränderten bänderarmen bis bänderfreien hellen Untergrund übergeht	Sehr geringe Nährstoff- und Wasserspeicherung sowie hohe Wasserbeweglichkeit. Unterhalb des braunen Zwischenhorizontes vielfach nur geringe Wurzelzugänglichkeit	Im gesamten Profil sehr geringer Gehalt an Ton (< 5%), Schluff, Humus (Krume: < 1,2%) und damit an bodenbürtigem P, K, insb. Mg, Mikronährstoffe sowie N (Krume < 0,06%). Vorwiegend große Poren und geringe Aggregatstabilität (aber nicht strukturempfindlich). Unterhalb der Krume niedriger pH-Wert (< 4,5), besonders im oberen Profilteil vielfach steinig. Kein wurzelerreichbarer Kalk
bsR: Bändersand-Rosterden (S4–6D)		
Wie Sand-Rosterde, nur im Untergrund ab 5–7 dm Tiefe mehr als 1 cm starke lehmige, meist unregelmäßig verlaufende braune Bänder bzw. ein einzelnes, dann aber bis zu 3 dm mächtiges Band (in diesem Fall Kalk unterhalb des Bandes)	Im bänderfreien Profilteil wie Sand-Rosterde. Im Bereich der Bänder verbesserte Wasserspeicherung, verzögerte Wasserversickerung und bessere Wurzelzugänglichkeit	Im bänderfreien (oberen) Profilteil wie Sand-Rosterde. Bei Austrocknung stärkere Verfestigung der Bänder. Bei Vorhandensein mehrerer Bänder in der Regel kein wurzelerreichbarer Kalk
sG: Sand-Gleye (S3–4D)		
Grundwasserbeeinflußte Böden in mehr als 12 dm mächtigem, kalkfreiem Sand. Unter dem Humushorizont folgt ein unterschiedlich mächtiger Gley-Oxydationshorizont mit großen rostbraunen Flecken bzw. Bändern (z. T. verhärtet = Raseneisenstein), dem sich der grünlichgrau gebleichte, rostfleckenfreie Gley-Reduktionshorizont anschließt	Im gesamten Profil geringe Nährstoffspeicherung. Bei hohem Grundwasserstand und bei Raseneisensteinbänken gehemmter Gasaustausch und geringe Wurzelzugänglichkeit	Im gesamten Profil geringer Gehalt an Ton (< 5%), Schluff und besonders Magnesium sowie geringe Aggregatstabilität, aber nicht strukturempfindlich; im Oxydationshorizont manchmal verdichtet (Raseneisenstein) und niedriger pH-Wert; nicht selten zu hoher Grundwasserstand (besonders im Frühjahr)

Nutzungs- und Anbaubeschränkung	Behandlungserschwerung	Meliorationsbedürftigkeit
Nicht grünlandfähig. Ungeeignet für Luzerne, Klee, Gerste, Weizen, Zuckerrüben und Stoppelsaaten. Bedingt geeignet für Kartoffeln (Steingehalt) und Mais	Einsatz von Maschinen nur bei hohem Steingehalt erschwert. Größere Gaben an Kali, Magnesium, Kalk, Stickstoff und Beregnungswasser auf einmal vermeiden	Unterboden durch melioratives Pflügen und Einsatz von BVM (bei höherem Steingehalt erschwert) sowie durch Krumenvertiefung erschließen. Bei höherem Steingehalt entsteinungsbedürftig. Stark beregnungsbedürftig
Nicht grünlandfähig. Anbaubeschränkung wie bei Sand-Rosterde außer Mais (insgesamt ertragssicherer)	Einsatz von Maschinen und Verabreichung von Düngern wie bei Sand-Rosterde (Beregnung hingegen auch in größeren Gaben möglich)	Unterboden bis zum obersten lehmigen Band durch Einsatz von BVM und Krumenvertiefung erschließen; melioratives Pflügen bedingt erfolgreich. Entsteinungs- und Beregnungsbedürftigkeit wie bei Sand-Rosterde
Bei tiefem Grundwasserstand bedingt grünlandfähig, bei hohem Grundwasserstand bedingt für Ackerbau geeignet	Bei hohem Grundwasserstand schwierig bearbeitbar und befahrbar. Kalivorratsdüngung vermeiden	Grundwasserstand einregulieren. Raseneisensteinbänke aufbrechen

Fortsetzung (Tabelle 2)

Agronomisch-bodenkundliche Kennzeichnung	Fruchtbarkeitsbegrenzende Vorgänge im Boden	Fruchtbarkeitsbegrenzende und behandlungsbestimmende Bodeneigenschaften
s/lF: Tieflehm-Fahlerden (Sl/lS3–5D)		
Grundwasserferne, mächtigere, vielfach steinige Böden in einer 4–8 dm starken Sanddecke über Lehm. Krume und brauner Zwischenhorizont wie bei Sand-Rosterde, der Rest der Sanddecke darunter ist hellgrau. Der sich anschließende kräftig braune Unterboden nimmt den oberen Teil der Lehmlage ein und geht vielfach in 9–12 dm Tiefe mit scharfer Grenze in den kalkhaltigen, oft wieder leichteren Untergrund über	Im sandigen Profilteil geringe Nährstoff- und Wasserspeicherung (kommt bei hoch anstehendem Lehm aber nur wenig zur Auswirkung). Im hellgrauen unteren Teil der Sanddecke vielfach nur geringe Wurzelzugänglichkeit	In der Sanddecke relativ geringer Gehalt an Ton (< 8%), Humus (Krume 1,0–1,2%) und damit an bodenbürtigen Makro- und Mikronährstoffen sowie geringe Aggregatstabilität. In der hellen Zone oberhalb der Lehmlage vielfach niedriger pH-Wert, mehr oder weniger verdichtet und strukturempfindlich. Nicht selten kein wurzelerreichbarer Kalk. Besonders im oberen Profilteil meist steinig
s/lU: Tieflehm-Braunstaugleye (Sl/lS3–5D)		
Stauwasserbeeinflußte, mächtigere, vielfach steinige Böden. Substrat wie bei Tieflehm-Fahlerde. Unter der Krume folgt ein bis zu 2 dm mächtiger brauner Zwischenhorizont, der Rest der Sanddecke darunter ist meist als Bleichzone mit Rostflecken und Konkretionen ausgebildet. Daran schließt sich der stark rost- und bleichfleckige, teils auch -adrige (marmorierte) lehmige Unterboden an, der vielfach in 8–12 dm Tiefe mit scharfer Grenze in den kalkhaltigen, oft wieder leichteren und weniger stark marmorierten Untergrund übergeht	Im sandigen Profilteil geringe Nährstoff- und Wasserspeicherung. Unterhalb des braunen Zwischenhorizontes verzögerte Wasserversickerung (nur in nassen Jahren nachteilig). In der Bleichzone geringe Wurzelzugänglichkeit und zeitweilig gehemmter Gasaustausch	In der Sanddecke relativ geringer Gehalt an Ton (< 8%) und damit auch an bodenbürtigen Makro- und Mikronährstoffen sowie geringe Aggregatstabilität, in der Krume aber nicht strukturempfindlich; unterhalb der Krume vielfach niedriger pH-Wert, unterhalb des braunen Zwischenhorizontes mehr oder weniger stark verdichtet und strukturempfindlich; nicht selten kein wurzelerreichbarer Kalk; besonders im oberen Profilteil meist steinig; nur in sehr nassen Jahren Staunässe bis in den braunen Zwischenhorizont
lP: Lehm-Parabraunerden (lS/sL 3–4 D)		
Grundwasserferne, mächtigere, nicht selten steinige Böden in mehr als 8 dm mächtigem Lehm; eine bis zu 4 dm starke Sanddecke ist	In sehr nassen Jahren zeitweilig gehemmter Gausaustausch	Nur selten schon in der Krume hoher Tongehalt. (> 20%, „Kuppenlehm“), im nassen Zustand vielfach

Nutzungs- und Anbaubeschränkung	Behandlungserschwerung	Meliorationsbedürftigkeit
Nicht grünlandfähig. Bedingt geeignet für Weizen, S.-Gerste und Zuckerrüben (bei tiefliegendem Lehm und ungünstigem Kulturzustand)	Einsatz von Maschinen nur bei hohem Steingehalt erschwert. Kalivorratsdüngung bei mächtiger Sanddecke vermeiden	Unterboden durch Lockerung und Einsatz von BVM sowie durch Krumenvertiefung erschließen. Bei höheren Steingehalten entsteinungsbedürftig. Vielfach beregnungsbedürftig
Bedingt grünlandfähig	Wie bei Tieflehm-Fahlerde	Wie bei Tieflehm-Fahlerde, meist aber nicht beregnungsbedürftig
In trockenen Lagen nicht grünlandfähig	Im feuchten und trockenen Zustand schwerer bearbeitbar und Hackfruchternte erschwert	Unterbodenlockerung mit gleichzeitiger Gefügestabilisierung (Kalk, BVM). Krumenvertiefung rasch möglich

Fortsetzung (Tabelle 2)

Agronomisch-bodenkundliche Kennzeichnung	Fruchtbarkeitsbegrenzende Vorgänge im Boden	Fruchtbarkeitsbegrenzende und behandlungsbestimmende Bodeneigenschaften
möglich. Unter der vielfach sandigeren Krume folgt ein kräftig brauner Unterboden, der nur innerhalb der Sanddecke rostfarbener ist. Der kalkhaltige, oft wieder leichtere Untergrund beginnt mit scharfer Grenze meist in 6–10 dm Tiefe		strukturempfindlich. Zuweilen steinig
lS: Lehm-Staugleye (lS/sL 3–5 D)		
Stauwasserbeeinflußte mächtigere, nicht selten steinige Böden. Substrat wie bei Lehm-Parabraunerde. Unter der Krume schließt sich der rost- und bleichfleckige, teils auch -adrige (marmorierte) Unterboden an, manchmal schiebt sich noch eine schwach aufgehellte Bleichzone ein. Der kalkhaltige, meist nur noch schwach marmorierte Untergrund beginnt mit scharfer Grenze vielfach in 8–12 dm Tiefe. Konkretionen verschiedener Größe können im gesamten Profil vorkommen	Im gesamten Profil verzögerte Wasserversickerung sowie zeitweilig geringe Nährstofftransformation und gehemmter Gasaustausch; in der Bleichzone geringe Wasserspeicherung und Wurzelunzugänglichkeit	Unterhalb der Krume mehr oder weniger stark verdichtet und strukturempfindlich, geringer pH-Wert möglich. Nicht selten wurzelerreichbarer Kalk fehlend. Zuweilen steinig. In nassen Perioden Staunässe bis in die Krume möglich

Nutzungs- und Anbaubeschränkung	Behandlungserschwerung	Meliorationsbedürftigkeit
Bei reliktischem Charakter in trockenen Klimalagen nicht grünlandfähig. Bedingt geeignet für Luzerne, S.-Gerste und Roggen	Wie bei Lehm-Parabraunerde	Unterboden durch Lockerung mit gleichzeitiger Gefügestabilisierung (Kalk, BVM) erschließen. In der Regel zuvor dränbedürftig, in trockenen Klimalagen gleichzeitig beregnungsbedürftig. Krume vorsichtig vertiefen

Tabelle 3

Ertragswerte verbreiteter Hauptbodenformen in den Mittel- und Nordbezirken der DDR

Hauptboden-form	Klassen-zeichen der Boden-schätzung	W.-Roggen Versuchs-ort	W.-Roggen Ertrag jahre	W.-Roggen dt/ha	S.-Gerste Versuchs-ort	S.-Gerste Ertrag jahre	S.-Gerste dt/ha	W.-Weizen Versuchs-ort	W.-Weizen Ertrag jahre	W.-Weizen dt/ha	Kartoffeln Versuchs-ort	Kartoffeln Ertrag jahre	Kartoffeln dt/ha	Z.-Rüben Versuchs-ort	Z.-Rüben Ertrag jahre	Z.-Rüben dt/ha
Sand-Rosterde	S4–5D	Wa	7	19	Ker	4	23	Ker	5	25	Kreu	3	194		—	
Bänder-Rosterde		De	7	19							Schu	3	222			
Tieflehm-Fahlerde	Sl–lS3–5D	Lü	5	27	Kreu	8	26	Kreu	6	32	Lü	5	229	Lü	5	381
		Kreu	8	31	Ne	3	31				Kreu	8	266	Kreu	9	421
Lehm-Staugley	lS–sL4D	Schm	4	31		—			—			—		Schm	5	401
Tieflehm-Braunstaugley	Sl–lS3–5D	Ba	9	33	Ba	6	32	Da	4	36	Ba	9	322	Da	4	459
								Ba	4	37				Ba	6	508
Lehm-Parabraunerde	lS–SL3–4D	Ku	6	35	Ker	5	34	Nu	3	41	Ku	3	317	Ku	6	458
		Ker	4	33	Ku	6	34	Ku	3	44	Ke	5	323	Ke	4	558
Sand-Gley	S3–4D	Schl	3	28	Schl	4	39	Schl	5	36	Schl	8	317		—	

Versuchsorte: Ba: Bargeshagen, Da: Dabergotz, De: Dersenow, Kreu: Groß-Kreutz, Ne: Groß Nemerow, Ker: Kerkow, Ku: Kuhs, Lü: Lübz, Nu: Nuhnen, Schl: Schlalach, Schm: Schmachthagen, Schu: Klein Schulzendorf, Wa: Waren

Es ist erstaunlich, daß trotz aller dieser Vorbehalte bei allen 5 untersuchten Fruchtarten die gleiche Tendenz zu erkennen ist. Die Erträge nehmen von der Sand-Rosterde über die Tieflehm-Fahlerde, den Lehm-Staugley und Tieflehm-Braunstaugley bis zur Lehm-Parabraunerde zu. In dieser Reihenfolge wurden die Werte in der Tabelle 3 auch geordnet. Eine Ausnahme bildet nur der Sand-Gley, ein grundwasserbeeinflußter Boden. Sein Ertragsvermögen ist unterschiedlich, was vermutlich mit dem auch von Jahr zu Jahr wechselnden Grundwasserstand zusammenhängen wird. Immerhin kann aus den Daten geschlossen werden, daß bei Sommerung Höchsterträge, bei Winterung hingegen Ertragseinbußen gegenüber den anderen Böden erwartet werden können.

III.

Für die Beurteilung landwirtschaftlich genutzter Standorte genügt jedoch in Zukunft die Kenntnis der einzelnen Bodenformen einschließlich ihrer Steinanteile und Wasserstufen nicht mehr, sondern es wird in immer stärkerem Maße interessieren, in welcher Vergesellschaftung und räumlichen Verknüpfung dieselben auftreten, d. h., wie die Struktur der Bodendecke gestaltet ist. Betrachtet man kleinere Räume, so hat die Kenntnis der Struktur der Bodendecke besonders für die Bewirtschaftung von Großschlägen Bedeutung. Je größer die Schläge werden, um so mehr tritt die einzelne Bodenform zurück und um so mehr gewinnt das Bodenformenmosaik an Bedeutung. In größeren Räumen ist die Struktur der Bodendecke für die Erstellung von Meliorationsprojekten, für die Spezialisierung der Feldwirtschaft in Kooperationsgemeinschaften und für die landwirtschaftliche Rayonierung auf der Grundlage von sogenannten Landtypen (vergl. EHWALD 1966) von Wichtigkeit.

Zur Charakterisierung der Struktur der Bodendecke sind bereits eine Reihe von Vorstellungen entwickelt worden, insbesondere von KOPP u. HURTTIG (1965), von HAASE u. SCHMIDT (1967) sowie von FRIDLAND (1967). Wenn auch die Diskussion dazu noch in vollem Gange ist, so kann man doch sagen, daß sich als entscheidende Kriterien einerseits die inhaltliche und andererseits die räumliche Heterogenität herauskristallisieren. Beide Kriterien haben auch für die landwirtschaftliche Kennzeichnung der Bodendecke eine große Bedeutung.

Unter inhaltlicher Heterogenität versteht man die Verschiedenheit der beteiligten Bodenformen. In der sowjetischen Bodengeographie wird auch vom Kontrast der Bodenform gesprochen. Kennwerte für die inhaltliche Heterogenität sind insbesondere Art und Anzahl der beteiligten Bodenformen sowie die Stärke des Kontrastes zwischen ihnen. Unter räumlicher Heterogenität versteht man die Art der räumlichen Verteilung der beteiligten Bodenformen und ihrer gegenseitigen Begrenzung. Kennwerte für die räumliche Heterogenität sind in erster Linie die Flächenanteile der beteiligten Bodenformen, die Anzahl aller Teilflächen sowie Flächengröße, Form und Anordnung der einzelnen Teilflächen innerhalb des Bodenmosaiks.

Je größer die inhaltliche und räumliche Heterogenität der Bodendecke auf einem Schlag ist, desto größer sind die Ertragsschwankungen innerhalb desselben und desto schwieriger ist seine Bewirtschaftung und meliorative Verbesserung. Schläge mit wechselnden Bodenverhältnissen, aber nicht zu starker räumlicher Heterogenität können z. B. dadurch verbessert werden, daß man die eingestreuten ungünstigeren, d. h. die ertragbegrenzenden und behandlungsbestimmenden Bodenformen durch besondere Düngungsmaßnahmen, durch Unterbodenmelioration, durch besondere Bearbeitung oder andere Verfahren den günstigeren Bodenformen anzugleichen sucht. Ziel der Bewirtschaftungsmaßnahmen auf allen großen Schlägen muß es sein, allmählich zu einer Homogenisierung der Bodendecke zu kommen. Nur ausgeglichene Bodenverhältnisse gewährleisten innerhalb eines Schlages annähernd gleiche Behandlung und eine hinreichende Ausgeglichenheit des Ertrages (keine Reifeverzögerung, geringe Unterschiede in der Ertragshöhe und in der Qualität der Ernteprodukte). Die Ausbildung der Bodendecke ist eng mit den geomorphologischen Verhältnissen verknüpft, d. h., eine bestimmte Struktur der Bodendecke ist vielfach auch an eine bestimmte Oberflächengestaltung gebunden. Man kann daher, allerdings nicht ohne Berücksichtigung der geologischen Verhältnisse, aus bestimmten geomorphologischen Formen, wie z. B. Talauen, Niederungen, Platten, Hügel, Riedel, Berghänge usw., und ihren Unterformen auf bestimmte Strukturen der Bodendecke schließen (HAASE u. SCHMIDT 1967).

Typen der Bodendecke mit einheitlicher Struktur, also mit gesetzmäßig im Raum wiederkehrendem Wechsel der jeweils einem Mosaik angehörenden einzelnen Bodenformenareale bezeichnet man als Verbreitungsmuster (HAASE u. SCHMIDT 1967) oder Mosaiktypen (KOPP 1965). Hat man in einem bestimmten Gebiet Probekartierungen durchgeführt und die Gesetzmäßigkeit der Struktur der Bodendecke ermittelt, so kann man bei Kenntnis der geomorphologischen, geologischen sowie der allgemeinen hydrologischen und klimatischen Verhältnisse unter Auswertung der Bodenschätzungsunterlagen und mit Hilfe weniger zusätzlicher Felduntersuchungen das Verbreitungsmuster der Bodenformen in allen Teilen dieses Gebietes erschließen und damit den Arbeitsaufwand für die Erfassung der Standortverhältnisse wesentlich herabsetzen. Diese Feststellung ist von großer Bedeutung für das künftige Vorgehen bei der Ermittlung der standortkundlichen Grundlagen zur Kennzeichnung und Beurteilung landwirtschaftlich genutzter Standorte, weil man auf diese Weise für bestimmte Fragestellungen schneller zum Ziel kommen kann als bisher. Mein Mitarbeiter Dr. SCHMIDT hat nach dieser Methode die Kreis-Bodenformenkarte von Eberswalde im Maßstab 1:50 000 erstellt. Auch die Kreis-Bodenformenkarten der Kreise Röbel und Waren wurden unterdessen von LORENZ, KASCH und SCHMIDT nach einer ähnlichen Methode erarbeitet. Auf diese Weise glauben wir, nicht nur unmittelbar dieses Meliorationsprojekt zu unterstützen, sondern auch einen wichtigen methodischen Beitrag für eine schnellere Standortcharakterisierung zu leisten. Von großem Vorteil für diese Arbeiten ist, daß zur Ermittlung häufiger Verbreitungsmuster auch über die Ergebnisse der forstlichen Standorterkundung wichtige Anhaltspunkte gewonnen werden können. KOPP (1965) hat bereits von Teilen Brandenburgs und Mecklenburgs Areale derartiger Verbreitungsmuster, die er als Mosaikbereiche bezeichnet, ausgewiesen.

Betrachten wir nun die Struktur der Bodendecke unter den speziellen Bedingungen der Mittel- und Nordbezirke. Die früher erläuterten 7 Hauptbodenformen sowie eine Reihe weiterer, weniger verbreiteter Bodenformen sind nahezu im gesamten Gebiet zu finden. Die auftretenden Unterschiede betreffen vorwiegend das Verbreitungsmuster. Auf einige dieser Unterschiede soll im folgenden kurz hingewiesen werden.

Zunächst sind grundsätzlich verschiedene Verbreitungsmuster in den Moränengebieten einerseits sowie in den Talsand-(Urstromtälern) und Flußgebieten andererseits anzutreffen. In den Moränengebieten wiederum unterscheiden sich die Grundmoränen- von den Endmoränenlandschaften. Aber auch innerhalb einer Grundmoränenlandschaft kann die Struktur der Bodendecke in Abhängigkeit vom geologischen und geomorphologischen Charakter der Großlandschaft unterschiedlich gestaltet sein. Dafür sei ein Beispiel gebracht. Im Bereich der Grundmoränenlandschaft gibt es, vom Makrorelief aus betrachtet, Gebiete mit beckenförmiger Einsenkung, wie z. B. südlich der Rostocker Heide oder bei Stralsund, und solche, die sich mehr oder weniger als Hochfläche herausheben, wie z. B. der Fall nördlich, westlich und südlich von Berlin. Während die tief liegende Grundmoräne unter natürlichen Bedingungen nicht entwässert wird, sondern alles Niederschlagswasser dort verbleibt, wird die höher liegende, sonst aus gleichem Material bestehende Grundmoräne in die umgebende Landschaft entwässert. Das äußert sich bodenkundlich darin, daß im ersten Fall Lehm-Humusstaugleye und Sand-Anmoorgleye, im zweiten Tieflehm-Fahlerden, Lehm-Parabraunerden und Sand-Rosterden überwiegen (KOPP, persönliche Mitteilung). Diese Zusammenhänge zu kennen ist besonders für die Wasserregulierung durch Meliorationen von Bedeutung.

Aber auch in gleicher geomorphologischer Situation sind in Abhängigkeit von Klima und Alter des Substrates unterschiedliche Verhältnisse anzutreffen. Läßt man einmal die räumliche Verknüpfungsstruktur, die in einem solchen Fall eine untergeordnete Rolle spielt, außer acht, so ist es vor allem der Anteil der einzelnen Bodenformen, der hier das Bodenmosaik bestimmt. Komplexe, die nur durch Art und Anteil der beteiligten Bodenformen charakterisiert werden, bezeichnet man als Bodengesellschaften. Dabei werden die im Flächenanteil hervortretenden Bodenformen als Leitbodenformen und die in der Verbreitung zurücktretenden Bodenformen als Begleitbodenformen bezeichnet. Als Beispiel für Landschaften mit gleicher geomorphologischer Situation seien die flachwelligen Grundmoränenebenen der Mittel- und Nordbezirke angeführt. Auf diesen finden sich im südlichen Teil des Bezirkes Cottbus vorwiegend Tieflehm- und Salm-Staugleye sowie -Braunstaugleye (Leitbodenformen), denen geringere Anteile an Tieflehm-Fahlerden, Lehm-Parabraunerden, Sand- und Bändersand-

Rosterden (Begleitbodenformen) beigemischt sind. Unter ähnlichen Verhältnissen der Bezirke Potsdam und Frankfurt treten hingegen verbreitet Tieflehm-Fahlerden und Rosterden auf, die kleinere Flächen mit Lehm-Parabraunerden und -Rendzinen sowie Tieflehm-Braunstaugleyen enthalten. Auf der Grundmoränenebene im östlichen Teil des Bezirkes Neubrandenburg herrschen Lehm-Parabraunerden vor, mit denen Tieflehm-Fahlerden und -Braunstaugleye, Lehm-Rendzinen sowie stellenweise Lehm-Schwarzerden vergesellschaftet sind. In der flachwelligen Grundmoränenlandschaft im westlichen Teil des Bezirkes Rostock und im nördlichen Teil des Bezirkes Schwerin überwiegen schließlich Lehm- und Tieflehm-Staugleye, zu denen größere Anteile an Lehm-Parabraunerden, Tieflehm-Braunstaugleyen und -Fahlerden sowie kleinere Anteile an Bändersand- und Sand-Braunerden treten. Obwohl die meisten der genannten Bodenformen im gesamten Gebiet auftreten, sind doch beträchtliche Unterschiede allein auf Grund der unterschiedlichen Anteile der einzelnen Bodenformen anzutreffen.

Die Kenntnis des Bodenmosaiks hat im Hinblick auf die landwirtschaftliche Standortbeurteilung, insbesondere für die Untergliederung und Präzisierung der natürlichen Standorteinheiten nach SCHILLING, BANNORTH und SCHLICHT (1965) bzw. der Produktionsgebiete nach RÜBENSAM (1959), für die Spezialisierung der Feldwirtschaft im Rahmen von Kooperationsgemeinschaften und für die Erstellung von Großprojekten der Melioration Bedeutung.

Es kann hier nicht Aufgabe sein, Art und Weise des Vorgehens bei den genannten Auswertungsmöglichkeiten standortkundlicher Ergebnisse im einzelnen darzulegen. Was die Verbesserung der natürlichen Standorteinheiten anbetrifft, sei auf Ausführungen von EHWALD (1966) verwiesen. Zur Spezialisierung der Feldwirtschaft ist zu sagen, daß hierfür das jeweils vorhandene Bodenmosaik einschließlich der hydrologischen Bedingungen sowie des Reliefs und nicht die einzelnen Bodenformen die wichtigste standortkundliche Grundlage bilden. Was schließlich die Erstellung von Großprojekten für die Melioration anbetrifft, so sei u. a. auf die Vorhaben in den Kreisen Röbel und Waren hingewiesen. Schon bei den Vorbesprechungen dazu zeigte sich, daß die Einschätzung der standortkundlichen Verhältnisse wesentlich besser hätte erfolgen können, wenn neben den Ergebnissen der Bodenschätzung einschließlich Ergänzung Unterlagen über Zusammensetzung und Verbreitung der Bodenformengesellschaften bekannt gewesen wären. Insgesamt gesehen kann gesagt werden, daß die Kenntnis der Bodendecke die entscheidende Voraussetzung für die Ausscheidung von Anbau- und Behandlungsarealen bildet. Anbauareale (Nutzflächeneinheiten) sind Flächen, auf denen die gleichen Früchte angebaut werden können. Behandlungsareale sind Flächen, die eine gleiche Behandlung erfahren, also z. B. zusammenhängend melioriert werden sollen (sogenannte Meliorationsareale bzw. Meliorationsgebiete).

Abschließend ist zur Bedeutung der Struktur der Bodendecke festzustellen, daß unsere Aufgabe nicht allein darin besteht, die Verbreitungsmuster zu ermitteln, sondern es müssen für jedes von diesen die jeweils ertragbegrenzenden und behandlungsbestimmenden Bodenformen ausgewiesen werden. Dieser Beurteilung ist ein relatives Problem. Bodenformen, die in dem einen Fall ertragbegrenzend sind, müssen es im anderen Fall nicht unbedingt sein. Betrachten wir beispielsweise Bodengesellschaften mit Tieflehm-Fahlerden. Tritt die Tieflehm-Fahlerde im Wechsel mit der Lehm-Parabraunerde auf, so ist sie die ertragbegrenzende Bodenform. Kommt sie hingegen mit der Sand-Rosterde vergesellschaftet vor, so wird die Sand-Rosterde zur ertragbegrenzenden Bodenform.

Um meine Ausführungen über die Struktur der Bodendecke etwas verständlicher zu machen, seien zum Abschluß noch 4 unterschiedliche Verbreitungsmuster von Bodenformen aus den Mittel- und Nordbezirken angeführt (siehe Abb. 2–5). Es handelt sich um Ausschnitte aus der Bodendecke von Kartierungsgemeinden.

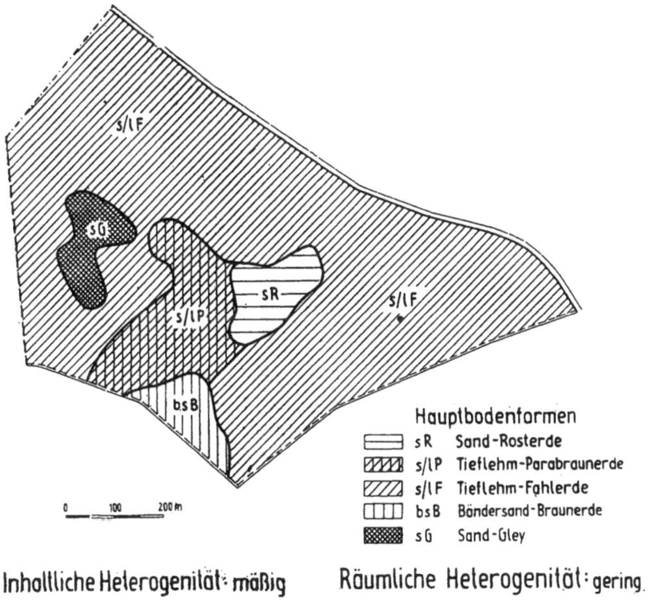

Abb. 1: Ausschnitt aus der Bodenformenkarte Vichel, Kreis Neuruppin. Aufgenommen: Frühjahr 1965. Bearbeiter: Dr. F. ASMUS, P. DUNKELGOD

In der Abbildung 1 wird der einfachste Fall am Beispiel der Gemeinde Vichel, Kreis Neuruppin, vorgeführt, die an der Grenze zwischen Ruppiner Platte (Grundmoräne) und Oberem Rhinluch liegt. Es handelt sich um eine Fläche mit mäßiger inhaltlicher und geringer räumlicher Heterogenität. Bewirtschaftung und Erträge werden im wesentlichen von einer Bodenform, der Tieflehm-Fahlerde (Leitbodenform), bestimmt. Verbesserungen des Unterbodens können nach einem einheitlichen Verfahren vorgenommen werden, da auf die restlichen Bodenformen auf Grund ihrer geringen Abweichungen im Schichtenaufbau und ihres geringen Anteils keine Rücksicht genommen zu werden braucht.

In der Abbildung 2 ist ein Ausschnitt aus der Gemeinde Lichterfelde, Kreis Eberswalde, dargestellt. Es handelt sich um eine Grundmoränenplatte zwischen Pommerscher Endmoräne und Eberswalder Urstromtal mit der Lehm-Parabraunerde und lehmunterlagerten Sand-Rosterde als Leitbodenformen sowie der Tieflehm-Fahlerde als Begleitbodenform. Die inhaltliche Heterogenität ist noch verhältnismäßig gering, die räumliche Heterogenität hingegen bereits stärker als beim

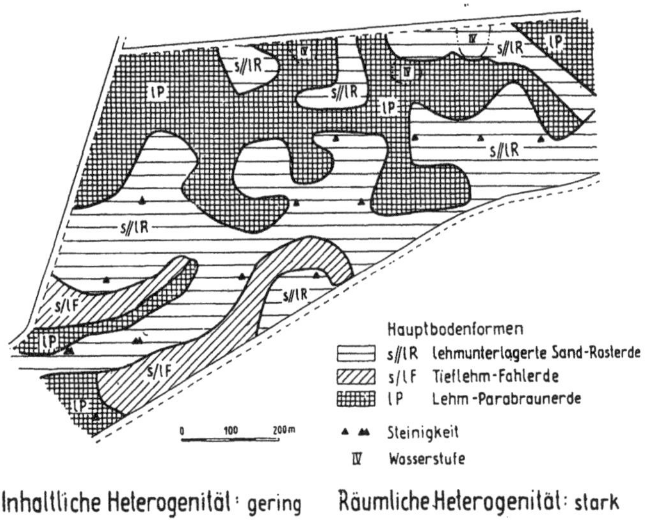

Abb 2: Ausschnitt aus der Bodenformenkarte Lichterfelde, Kreis Eberswalde. Aufgenommen: 1963. Bearbeiter: Dr. I. LIEBEROTH, Dr. F. ASMUS, E. CRONEWITZ

Beispiel Vichel. Die Bewirtschaftung ist in den Arealen erschwert, wo der Lehm bis an die Oberfläche ansteht. Auch die Ertragsleistung wechselt innerhalb der Fläche. Anbaubeschränkungen bestehen bei der lehmunterlagerten Sand-Rosterde vor allem für Weizen und Zuckerrüben. Eine Verbesserung der gesamten Fläche müßte über eine Angleichung der sandigeren Areale insbesondere durch Krumenvertiefung, Torfdüngung und möglicherweise eine partielle Anwendung von Bodenverbesserungsmaßnahmen erfolgen. Erschwert wird die Melioration durch die stärkere räumliche Heterogenität.

In der Abbildung 3 ist ein Ausschnitt aus der Gemeinde Stolzenhain, Kreis Herzberg, wiedergegeben, die im Übergangsgebiet der warthestadialen Endmoräne und dem Magdeburger Urstromtal liegt. Als Leitbodenformen treten der Sand-Gley und der Sand-Rostgley, als wesentliche Begleitbodenformen die Sand-Rosterde und der Tieflehm-Amphigley auf. Neben einer mäßigen räumlichen Hetero-

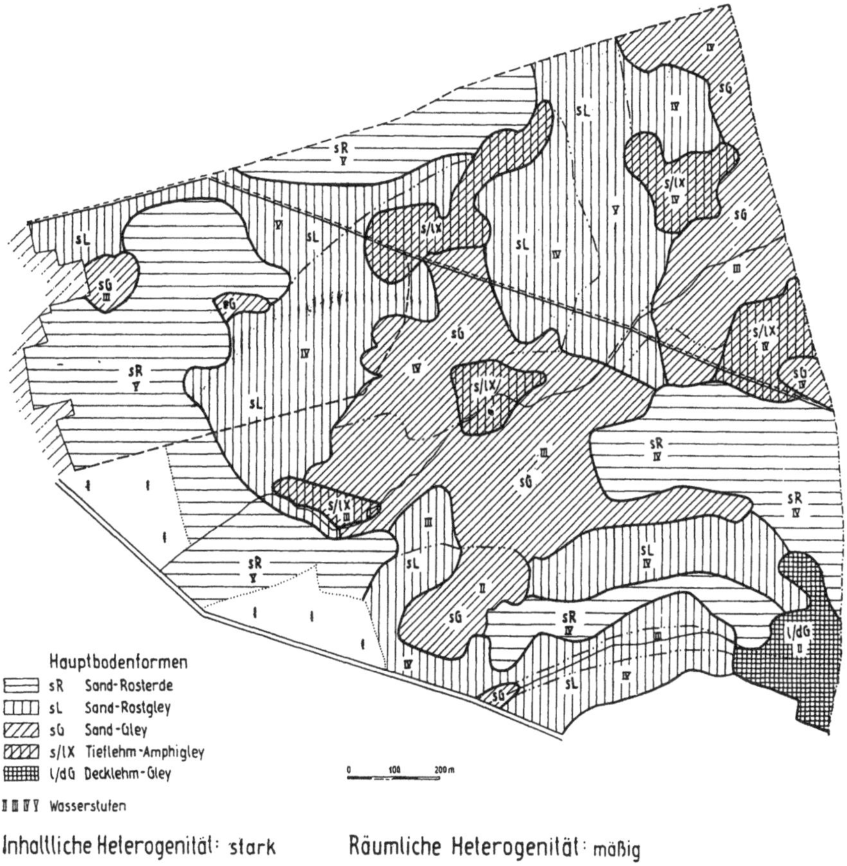

Abb. 3: Ausschnitt aus der Bodenformenkarte der LPG Stolzenhain, Kreis Herzberg. Aufgenommen: Herbst 1965. Bearbeiter: P. DUNKELGOD

genität ist vor allem eine stärkere inhaltliche Heterogenität gegeben, weniger allerdings durch die Substratverhältnisse als vielmehr durch die hydrologische Situation. Daraus resultiert zunächst schon eine unterschiedliche Nutzungsartenverteilung. Größere Teile der Flur erfordern eine Entwässerung, die entsprechend den Vorflutverhältnissen in nordöstlicher Richtung erfolgen muß. Da bei einer solchen Entwässerung die Sand-Rostgleye stärker trocken ausfallen würden, müßte ein solches Entwässerungsprojekt mit einer partiellen Bewässerung gekoppelt werden.

In der Abbildung 4 schließlich ist ein Ausschnitt aus der Gemeinde Broderstorf, Kreis Rostock, dargestellt. Es handelt sich um eine flachwellige Grundmoränenplatte, auf der unter den dort gegebenen Klimabedingungen der Tieflehm-

Staugley als Leitbodenform und vor allem die Lehm-Parabraunerde, der Sand-Gley sowie der Lehm-Anmoorgley als Begleitbodenformen zu finden sind. Sowohl die inhaltliche als auch die räumliche Heterogenität sind stark. Bewirtschaftungs- und Anbauerschwerungen treten vor allem an Stellen mit hochstehendem Lehm und stärkerer Vernässung (Lehm-Parabraunerde, Lehm-Anmoorgley, Lehm-Gley,

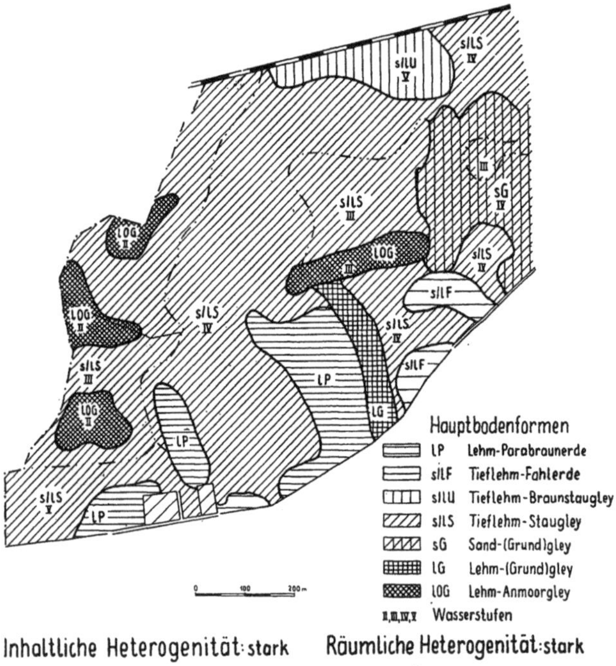

Abb. 4: Ausschnitt aus der Bodenformenkarte der LPG Broderstorf, Kreis Rostock. Aufgenommen: Frühjahr 1965. Bearbeiter: J. THIERE, D. STÖWE

Tieflehm-Staugley, Sand-Gley) auf. Die Fläche ist in großen Teilen bereits gedränt. Stärkere Vernässungen im Frühjahr ergeben sich vor allem dadurch, daß die Dränagen nicht mehr überall in Ordnung sind. Eine Unterbodenverbesserung durch Gefügemelioration wäre anzuraten. Zusätzliche Beregnung in trockeneren Perioden ist kaum erforderlich.

Ich hoffe, daß ich durch meine Ausführungen einen kleinen Einblick in die Bodenverhältnisse unserer Mittel- und Nordbezirke geben und dabei gleichzeitig die Probleme, die bei der landwirtschaftlichen Kennzeichnung der Böden auftreten, genügend herausstellen konnte. Es ging mir insbesondere auch darum, auf die Bedeutung der Struktur der Bodendecke für eine moderne sozialistische Großflächenbewirtschaftung hinzuweisen.

Zusammenfassung

Die Bodenformen bilden die beste Grundlage für die landwirtschaftliche Kennzeichnung der Böden. Aus ihnen lassen sich dic für die Beurteilung notwendigen fruchtbarkeitsbestimmenden Bodeneigenschaften ableiten. Von besonderem Interesse sind dabei die fruchtbarkeitsbegrenzenden und behandlungsbestimmenden Eigenschaften, da sich aus diesen die Maßnahmen zur Hebung der Bodenfruchtbarkeit und zur Behandlung der Böden ergeben. Von den in den Mittel- und Nordbezirken vorkommenden etwa 90 Hauptbodenformen sind nur 30 von größerer Bedeutung, davon nehmen folgende 7 bereits mehr als die Hälfte der landwirtschaftlich genutzten Fläche ein: Sand-Rosterde, Sand-Gley, Bändersand-Rosterde, Tieflehm-Fahlerde, Tieflehm-Braunstaugley, Lehm-Parabraunerde und Lehm-Staugley. Ihre landwirtschaftlich wesentlichen Charakteristika werden angeführt. Für die Beurteilung landwirtschaftlich genutzter Standorte genügt jedoch in Zukunft die Kenntnis der einzelnen Bodenformen und ihrer Merkmale nicht mehr. Es ist außerdem ihre Vergesellschaftung und räumliche Verknüpfung (Struktur der Bodendecke) zu berücksichtigen. Die Kenntnis der Struktur der Bodendecke ist vor allem bei der Präzisierung und Untergliederung der natürlichen Standortseinheiten sowie bei der Erarbeitung standortkundlicher Grundlagen für die Spezialisierung der Feldwirtschaft, die Bewirtschaftung großer Schläge und die Erstellung von Meliorationsprojekten von Bedeutung.

Резюме

Название работы: Важные формы почв в центральных и северных округах Германской Демократической Республики и проблема их сельскохозяйственной характеристики.

Формы почв представляют лучшую основу для сельскохозяйственной характеристики почв. На основании форм почв можно находить свойства почв, определяющие их плодородность, необходимые для оценки. При этом особый интерес представляют свойства, ограничивающие плодородие и определяющие обработку, так как на основании этих свойств вытекают мероприятия, необходимые для повышения плодородия почвы и ее обработки. Среди встречающихся в центральных и северных округах 90 главных форм почв, большее значение имеют только 30, из них следующие 7 форм почв составляют более половины сельскохозяйственных угодий:

В работе приведены важнейшие сельскохозяйственные характеристики этих почв. Однако, для оценки местопроизрастаний, находящихся в сельскохозяйственном пользовании в будущем знания отдельных форм почв и их признаков будет недостаточным. Необходимо, кроме того, учитывать их обобществление и пространственную увязку (структуру почвенного покрова). Знание структуры почвенного покрова прежде всего имеет значение при уточнении и подразделении единиц естественных местопроизрастаний, а также при разработке основ специализации полеводства, обработки больших полей и при создании проектов мелиораций.

Summary

Title of the paper: Principal soil forms in the central and northern counties of the German Democratic Republic and the problem of their agricultural identification.

Soil forms constitute the best basis for the agricultural identification of the soils. Fertility-determining soil properties which are necessary for soil judging, can be derived from them. Of particular interest in this respect are the fertility limiting and treatment-determining properties because they suggest to the measures to be taken for raising soil fertility and for soil treatment. Out of the 90 principal soil forms occurring in the central and northern counties, only 30 are of major importance, out of wich the following 7 forms occupy more than half of the farmland: “Sand-Rosterde” (sandy rust-earth), “Tieflehm-Fahlerde” (deeploam pale leached earth), “Sand-Gley” (sandy gley), “Bändersand-Rosterde” (banded sandy rust-earth), “Tieflehm-Braunstaugley” (deep loam humic gley), “Lehm-Parabraunerde” (loam-para brown earth), and “Lehm-Staugley” (loam-humic gley). Their main agricultural characteristics are reported. For the purpose of judging agriculturally used locations it will be sufficient in future to know the various soil forms and their properties.

Furthermore, their socialization and spatial linkage (structure of soil cover) have to be taken into account. The knowledge of the structure of the soil cover is of particular importance when defining and subdividing the natural site units as well as in establishing bases with regard to site conditions for specialized crop farming, cultivation of large-sized plots, and the execution of soil amelioration schemes.

Literatur

EHWALD, E.: Bodenfruchtbarkeit und Ertragsfähigkeit. Forschen und Wirken 2 (1960), S. 889–908

EHWALD, E.: Zum Begriff und Wesen der Bodenfruchtbarkeit. Sitz.-Ber. Dt. Akad. Landwirtsch.-Wiss. Berlin 12 (1963), Nr. 14, S. 1–29

EHWALD, E.: Probleme der Erfassung der Standortsverhältnisse der Deutschen Demokratischen Republik und ihrer Auswertung. Sitz.-Ber. Dt. Akad. Landwirtsch.-Wiss. Berlin 15 (1966), Nr. 16, 35 S.

FRIDLAND, V. M.: Die Struktur der Bodendecke und die Methode der kartographischen Darstellung der Böden. Tag.-Ber. Dt. Akad. Landwirtsch.-Wiss. Berlin Nr. 102, 1967 (im Druck)

HAASE, G.; SCHMIDT, R.: Material zur Konzeption der Bodenkarte 1 : 750 000 im Nationalatlas der DDR. Manuskript, 1967

KOPP, D., unter Mitarb. von HURTTIG, H.: Die forstliche Standortserkundung als Beitrag zu einer standörtlich-kartographischen Inventur der Kulturlandschaft, dargestellt am Beispiel des nordostdeutschen Tieflandes. Arch. Naturschutz 5 (1965), S. 3–25

LIEBEROTH, I.: Über das Wesen der Bodenfruchtbarkeit. Verh. II. u. IV. Kommiss. Internat. Bodenkundl. Gesellsch. Hamburg, 2 (1958), S. 112–118

LIEBEROTH, I.: Die Bodenformen der landwirtschaftlich genutzten Standorte in der Deutschen Demokratischen Republik. In: EHWALD, E.; LIEBEROTH, I.; SCHWANECKE, W.: Zur Systematik der Böden der Deutschen Demokratischen Republik besonders im Hinblick auf die Bodenkartierung. Sitz.-Ber. Dt. Akad. Landwirtsch.-Wiss. Berlin 15 (1966), Nr. 18, S. 56–78

LIEBEROTH, I.: Bodenkunde – Bodenfruchtbarkeit. Berlin, VEB Dt. Landwirtsch.-Verlag, 1. Aufl. 1964, 2. Aufl. 1968

LIEBEROTH, I.: Zur Kennzeichnung und Beurteilung der Mineralböden nach Bodenformen. Feldwirtsch. 8 (1967 a), S. 399–401

LIEBEROTH, I.: Die Bodenformen der landwirtschaftlich genutzten Standorte und die wichtigsten Merkmale zu ihrer Ansprache und Gliederung. Tag.-Ber. Dt. Akad. Landwirtsch.-Wiss. Berlin, Nr. 102, 1967 b (im Druck)

LIEBEROTH, I.; EHWALD, E.; KOPP, D.; SCHWANECKE, W. u. a.: Bildung, Kennzeichnung und Benennung der Hauptbodenformen. In: LIEBEROTH, I. unter Mitarb. eines Autorenkollektivs: Kennzeichnung und Beschreibung landwirtschaftlich genutzter Standorte in der Deutschen Demokratischen Republik, Teil A. Dt. Akad. Landwirtsch.-Wiss. Berlin, Inst. Bodenkd. Eberswalde, 1967, S. 9–54

RÜBENSAM, E.: Die Standortverteilung der landwirtschaftlichen Produktion. Berlin, Dt. Bauernverl., 1959, 338 S.

SCHEFFER, F.: Das Transformationsvermögen der Böden als Grundlage zu ihrer Bewertung. Landwirtsch. Forsch., S.-H. 17 (1963), S. 49–59

SCHEFFER, F.; LIEBEROTH, I.: Was versteht man unter Bodenfruchtbarkeit, -ertragsfähigkeit und -ertragsleistung? Dt. Landwirtsch. 8 (1957), S. 272–275

SCHILLING, D.; BANNORTH, H.; SCHLICHT, H.: Natürliche Standorteinheiten der landwirtschaftlichen Produktion in der DDR. Berlin, Landwirtschaftsrat der DDR, 1965, 125 S.

THIERE, J.: Vergleichende Untersuchungen an Wald- und Ackerböden im Jungmoränengebiet der DDR. Eberswalde, Inst. Bodenkd., Diss. 1968, 250 S.

Anschrift des Verfassers:
Prof. Dr. agr. habil. Immo LIEBEROTH
Institut für Bodenkunde Eberswalde
der Deutschen Akademie der Landwirtschaftswissenschaften zu Berlin
13 Eberswalde, Schicklerstr. 3

Bei Fragen zur Produktsicherheit wenden Sie sich bitte an:
If you have any questions regarding product safety,
please contact:

Walter de Gruyter GmbH
Genthiner Straße 13
10785 Berlin
productsafety@degruyterbrill.com